Tiō ài tsit bī

Tiō ài tsit bī

Tiō ài tsit bī

阿曼教你煮就愛這味

阿(A) 曼(bîn) 教(kà) 你(lí) 煮(tsú) 就(Tiō) 愛(ài) 這(tsit) 味(bī)

宇宙頭一本
臺語文食譜

曾偉旻

一 目錄 一
Bo̍k-lio̍k

推薦序 那看那出聲／王秀容 Ông Siù-iông ················· 004
推薦序 輕鬆仔讀、穩心仔煮、歡喜仔食／許慧如 Khóo Huī-lû ··· 006
推薦序 正範臺灣語文味／鄭順聰 Tēnn Sūn-tshong ········· 008
自　序 友善本土語言　煮食來實踐／曾偉旻 Tsan Uí-bîn ···· 010

踏話頭 數念南投的故鄉味 ······························· 012

就愛出料理：20 項手路菜報你知

01 ｜ 鴛鴦菜脯卵
Uan-iunn Tshài-póo-nn̄g ···························· 033

02 ｜ 薟甲衝煙薟椒魚
Hiam kah tshìng-ian Hiam-tsio-hî ··················· 039

03 ｜ 牽絲番薯角
Khan-si Han-tsî-kak ······························ 045

04 ｜ 枵鬼豬肝湯
Iau-kuí Ti-kuann-thng ···························· 051

05 ｜ 覆菜肉片湯
Phak-tshài Bah-phìnn-thng ························· 057

06 ｜ 歪喙雞親子丼
Uai-tshuì-ke Tshin-tsú-tòng ························ 063

07 ｜ 烏金滷肉飯
Oo-kim Lóo-bah-pn̄g ····························· 069

08	趁家伙柿粿 Thàn ke-hué Khī-kué	075
09	蔥煏肉絲 Tshang piak Bah-si	081
10	沙茶蕹菜牛肉 Sua-te Ìng-tshài gû-bah	087
11	蒜芳豬頭皮 Suàn phang Ti-thâu-phuê	093
12	芋香炒飯 Vuˇ hiongˊ cauˋ fan	099
13	腸腸韭韭 Congˇ congˇ giuˋ giuˋ	105
14	薑羊大賊牯（薑羊大盜） Giongˊ iongˇ tai ced guˋ	111
15	黃梨香菇雞 Vongˇ liˇ hiongˊ guˊ gieˊ	117
16	焦香蒜仁酥 Zeuˊ hiongˊ sonˇ inˋ suˊ	123
17	紅糟白力魚 Âng-tsau Pe̍h-lik-hî	129
18	刺蔥煎卵 Tshì-tshang Tsian-nn̄g	135
19	馬告炊魚 Maqaw Tshue-hî	141
20	花膠仿魚翅筒仔 Hue-ka hóng Hî-tshì-tâng-á	147

推薦序

推薦序
那看那出聲

王秀容
Ông Siù-iông

　　看冊敢是恬恬仔看就好？我哪會那看那出聲，那看那吞喙瀾？我用目睭食著甜蜜的記持、正港的臺灣味佮嬌閣趣味的臺語。

　　「這我有煮過。」頭一出「菜脯卵」就入我的心，會使講是我的手路菜，因為我細漢散赤，物配無濟，菜脯米俗閣有鹹纖，肉食袂起，換食卵才通勢大漢。彼嘛是我教阮查某囝煮菜的第一味，因為料切足幼、足古錐，會當訓練手力；提卵愛細膩，敲卵愛自信，扭卵愛耐性，會當訓練專心；园料、攪料、刣料看欲煎做啥物型，會當訓練創作力。阮共煎做細塊圓，排排咧會當做 Micky。到今，阮兜猶是上愛這味簡單佮鹹芳。

　　「這我有食過。」規本齊臺灣味，有正港第一名的「烏金滷肉飯」，我細漢愛食，通一頓食五碗，用

> 那看那出聲

臺語寫滷肉飯,加一味故鄉的陪伴。閣有「覆菜肉片湯」,用正範的客語標音、講俗語。覆菜就是咱的鹹菜呢!想袂到閣有「刺蔥煎卵」,彼是我嫁去花蓮才食著的,阿美族上愛共這味天王級芳料濫佇魚仔湯。這本冊予你食好料配趣味,教咱伊有刺,鳥仔會驚,才有偏名「鳥毋踏」。

「這我有教過。」逐篇攏有佮食食(tsia̍h-si̍t)相關的俗語佮智識,有足濟我有教過。這本冊除了予你看臺語食譜學煮菜,閣有予人看甲欲流喙瀾的婿圖,逐篇溫暖的故事佮智識,短短仔誠輕鬆,拄好提來那啖糁那開講,用佇教學真正讚。我這馬佇國中教英語佮臺語,無定著會當加一步「臺語課來煮菜」。

緊共冊掀起來看,若像掀鼎蓋試鹹汫,你就隨知影我哪會那看那出聲。

啊!細膩,你的喙瀾津落來矣……。

> **简介**
> 王秀容。國立臺灣師範大學臺灣語文學系博士,教育部本土語言傑出貢獻個人獎,教育部臺灣台語常用詞辭典錄音。出版《我咧唱歌》、《咱來讀讀》臺語有聲散文集。

推薦序

輕鬆仔讀、穩心仔煮、歡喜仔食

許慧如
Khóo Huī-lû

佇華語強勢普及進前，臺語毋但是臺灣至少 70% 人口 ê 母語，嘛是臺灣 ê 共同語（lingua franca）。自臺灣解嚴以來，已經有大大細細 ê 臺語復振運動，官方 ê 書寫標準嘛已經建立矣。目前有愈來愈濟人開始書寫臺文、甚至以臺文來創作。毋過，以臺文寫食譜，偉旻應該是頭一人。

佇這馬 ê 臺灣，食食早就已經超越上基本 ê 止枵功能，變做是一種藝術，嘛是一種文化表現，閣會當做跨文化 ê 交流。恬當咧發展 ê 臺文書寫來寫食譜，閣較有意義。

這本書嘛是專業閣實用 ê 食譜，逐出菜攏是用臺灣上在地 ê 食材，有傳統 ê 家庭料理、嘛有創意新料理。有用老菜脯做主角 ê「鴛鴦菜脯卵」、代表臺灣料理 ê「烏金滷肉飯」、嘛有小可仔西洋口味，有用著 bá-tah（butter，奶油）ê「趁家伙柿粿」、餐廳料理定定看著ê「牽絲番薯角」等等，欲家己咧厝內簡單煮，抑是欲請人客食腥臊（tshe-tshau），照這本落去做就無問題矣。除了做法寫kah真詳細，閣有專業插圖，作者ê用心攏看有。

其實偉旻本人就袂輸這本書全款，有豐富ê內涵，閣多才多藝，毋但有新聞傳播kah主持ê專業，煮食嘛是有正式證照掛保證。而且偉旻ê心思真幼路，思考嘛真深入。伊會想著做這本臺文書寫ê食譜，咱就看會出來。

雖然臺語ê復振kah臺文ê推廣，路閣足長，嘛一定會有真濟困難，毋過，這本書，我建議逐家就輕鬆仔讀、穩心仔煮、歡喜仔食，予臺語會當自然行入來咱ê生活，按呢毋才會四序閣快活。

簡介

許慧如，臺北人，師大臺文系教授。師大英語系語言學組博士、美國Michigan大學語言學碩士。

細漢時捌予「鉸舌」，對六歲讀國校仔開始，超過三十冬無講臺語。但是尾仔有較強的語言意識，開始共臺語講轉來。嘛共外文色彩較厚的語言學，引進臺語領域。

推薦序

正範臺灣語文味

鄭順聰
Tēnn Sūn-tshong

便若講臺語，落幾句仔俗語或是孽譎仔話，逐家就會嗾笑目笑；便若開講破豆，講著好食物，你一句我一句，定定無法度收煞，臺灣人有夠枵饞興食。

俗語和食食，會當講是佇臺灣過日上激場（kik-tiûnn）的話頭，偉旻這本冊共這兩大王牌「合體」，閣共伊烏狗仔兄的內才和煮食手路相敆，敆做這本全臺文的食譜冊。

寫甲是嗾角全泡，予人讀甲全嗾瀾，有夠紲嗾，的確精彩。

按呢誕人的臺文冊，該當早早就出版，往過攏是用華語來寫的，見若有臺語就用火星文，真拍損。就愛知，濟濟臺灣的點心和煮食，遮的師傅、頭家、水跤和做仝途的人，攏是用臺語來開拆和溝通。臺語冊

但是臺語,閣是煮食手藝上要緊的碗盤,有這語言的碗盤,才通共撇步和智慧捒出來,予內底的好料、鹹洇、氣味佮豐沛傳（thn̂g）落去。

無臺語,氣口定著走精,生活就減一味。

偉旻是一位新時代的媒體人、文化人,今閣成做作家,多才多藝。伊嘛是一位多語人,這本食譜冊上有見解的,是用臺文來寫客家、原住民、馬祖的煮食,正正是語平精神,嘛是咱臺灣真實的食食風景。

偉旻予這風景閣活起來,有輾轉的臺文、嬌氣的繪圖,閣有彼內才飽滇帶曠闊的範（pān）,煮食的範,語言的正範,做一个烏狗兄的緣投範,予咱的臺灣味範勢愈來愈在。

简介

鄭順聰,嘉義民雄人,作家。

捌任《聯合文學》執行主編,教育廣播電臺《拍破臺語顛倒勇》主持人,公視台語台《HiHi 導覽先生》創意發想佮臺語顧問。

臺文作品:學習書《台語心花開》,《台語好日子》,詩集《我就欲來去》,小說《大士爺厚火氣》,繪本《仙化伯的烏金人生》。

自 序

友善本土語言　煮食來實踐

曾偉旻
Tsan Uí-bîn

　　宇宙頭一本臺語文的食譜冊《就愛這味：阿旻教你煮》，是阿旻家己愛食、愛煮、愛臺灣本土語言的一本實踐佮應用煮食冊。自料理落手，這本煮食冊毋但落實臺語文的寫作，嘛深入咱「民以食為天」的生活哲學。

　　若準這本冊通共阿旻家己愛煮、愛變的個性展現，閣通結合本土語言，進一步透過短影音，分享煮食的撇步佮創意好料，這本冊定著愛即時推出，而且愛有無仝的臺灣創意料理冊，一本接一本。

　　透過臺灣台語做主體，和無仝族群交流，分享各種本土語言的詞彙，嘛紹介臺灣無仝族群、語言、俗諺語之間，對煮食有無仝又閣相倚的食食觀念，向望逐家進一步熟似、認捌、尊存咱臺灣所有的語言。

有傳統佮創新的臺菜、原住民族料理的精神、客家勤儉的食食文化,閣有馬祖討海掠魚、食魚的智慧。20 項料理,其中閣有一項是結合臺灣手語的灶跤教室,除了紹介臺灣手語予閣較濟人知影,嘛用手語傳達「食食嘛著愛顧動物保育」的觀念。

感謝文化部「語言友善環境及創作應用與推廣補助」的支持,予有心想欲起造本土語言友善環境的創作者,毋但通「顧腹肚」,嘛通顧咱復振本土語言的「佛祖」。

踏話頭
數念南投的故鄉味

曾偉旻
Tsan Uí-bîn

阿媽的手路菜

阮兜有幾若个總舖師,頭一位是阮阿媽洪秀春。印象中伊的手路菜,百百款。一鼎滷肉、炕肉,或者是肉豉仔,這幾項菜便若(piān-nā,凡是、只要)上桌,隨予阮掃了了,飯通加推咧幾若碗,親像變魔術仝款,用各種料理方式,予你食飽閣食巧。

五日節的肉粽,阿媽會用生米包,才閣用阮兜後壁彼个大灶燃柴火,用滾水來「煠」肉粽。著!就是一般人認捌的南部粽。不而過,阿旻是中部大漢的囡仔,尤其是咱臺灣的心臟:南投,所以我會叫伊「阿媽口味的南投粽」。

阿旻無想欲佮你食粽食甲「戰南北」;或者來戰

到底是「粽」抑是「3D 油飯」。啊若這款阿媽口味的「南投粽」，油份無像 3D 油飯遮厚。除了一般煤過直接食，若是五日節（Gōo-ji̍t-tseh，端午節）欲換款方式，阿媽就改用「煎」的予阮食，彼號赤赤赤的口感，予這陣罕得食秫米的我，便若五日節一下到，就開始數念阿媽「煎肉粽」這味。

曾家出正港餐廳總舖

阿叔是阮這口灶第二位總舖師，正經蹛過大餐廳。猶未 18 歲，自南投去到桃園龍潭石門水庫附近的餐廳學師仔，尾手做到總舖。自桃園搬轉來南投了後，厝內除了阿媽的手路菜，不時嘛通佇厝裡食著餐廳級的大菜，親像「五柳居」、「筍乾封肉」等。五柳居就是一般咱講的「糖醋魚」，外口是酥酥酥，內底的魚仔肉是幼麵麵（iù-mī-mī，細嫩）、酸甜仔酸甜，我上愛。筍乾封肉袂肥袂飫（uì，東西吃太多感到膩），配飯攪攪抐抐咧，有影通「食七碗」。

過年的時，除了一般的長年菜，「食雞起家」、「食粿趁家伙」，阿叔閣會灌秫米腸（tsu̍t-bí-tn̂g，糯米腸），是阮兜圍爐特殊的一項菜。和一般擔仔咧賣

踏話頭

的大腸包小腸的米腸無仝，阿叔的米腸，閣會摻塗豆佮油蔥酥。

不而過，若欲食秫米腸，就真正愛下工夫（hē kang-hu，花時間精神）囉，做起來不止仔厚工。圓秫米前一暗愛代先洗過、浸水浸一暝過，濾予焦。起油鼎，摻寡油蔥酥、胡椒粉、鹽和圓秫米做伙炒予齊勻。

講著豬大腸就閣較講究，毋但愛用醋、麵粉共捼捼洗洗幾若擺，腸仔壁頂的豬腸油更加愛洗予清氣。等所有的料攢好勢，阿叔灌米腸的工程才準備開始，一手提大腸，一手用箸櫼秫米，真考驗技術。因為一下手無細膩，腸仔會破空。灌好勢的秫米就愛閣炊過，切予一片一片才通上桌，看起來就真好食款。若閣搵（ùn，沾）蒜頭豆油，好食甲！

紲來是阮老爸、阮老母，仝款有阿媽、阿叔的好手藝，曾家滷肉的精華，一定袂當失傳，不管時就愛有這味。清彩扚兩下仔、真四常的料理，嘛會當予阮食飽飽，親像蒜頭、香菇佮高麗菜的結合，擲入去電鍋，芳閣好食的高麗菜飯就通上桌。阮阿嬤嘛扞（huānn，掌管）兩間「臺南擔仔麵」店頭，一口灶攏真勢煮。

數念南投的故鄉味

嬰仔時佮阿母、內外媽做伙翕相。

過鹹水讀冊　數念臺灣味

　　啊若阿旻我本人，自細漢就干焦讀冊，飯菜有厝內替阮攢便便。會開始煮食，其實是因為數念故鄉味。22 歲本底大學應該出業矣，刁工閣延延半年，去海外過鹹水做交換學生，學校就佇荷蘭南部一個叫做 Nijmegen 的小鎮。小小的城市，臺灣人攏總才 6 个，人咧國外尤其會數念臺灣味，我就開始學煮食。

　　家己罔變，親像「蚵仔煎」、「牛肉麵」佮「炕肉」等等，開始看網路的做法，一步一步試看覓。蚵仔煎的粉漿、海山醬按怎調，餅皮按怎煎予飯嗲嗲（khiū-teh-teh，食物有彈性很有嚼勁）閣赤赤赤，甚

踏話頭

去荷蘭做交換學生，開始家己學煮食。

至閣提去請外國朋友食，講這是臺灣小食物「Taiwanese Oyster Pancake」啦！

除了數念臺灣味，用食食兼做國民外交，佇咧海外家己煮，主要嘛是因為食外口較傷本（siong-pún，成本花費較高）。

雖然出國進前有先款一寡食材，但總是趕欠遮欠。下課上重要的行程就是踅超市，鐵馬騎咧到賣場，就是搶上俗的肉品、菜蔬佮調味料，食材攏是歐洲款較濟，毋過頭殼內就隨轉踅，想看欲按怎共變做臺灣款。若正港想欲買臺灣味，就愛盤幾若改車幫，到華人超市或者是東南亞店 TOKO，買米、食材等等。

佇咧荷蘭攏是怙（kōo，依靠、憑藉）鐵馬行踏較濟，毋過荷蘭時常透風落雨，甚至落雪。這時，我就緊提「大同電鍋」燖雞湯、煮魚湯，食燒燒較袂感著。外國人愛食雞胸肉，因為免吮骨頭，雞腿才銷賣較俗，所以阿旻煮的雞湯，攏是用大肢雞腿落去燖的。

包仔粿包金　過年的鄉愁味

出社會做工課以後，上北食頭路，一直是做媒體採訪、走新聞這途。佇我入行三冬半的時，允著《蘋果日報》（已經收擔的港臺媒體，因為香港、中國政治因素，姑不而將被強逼關門）的特派記者，有機會到美國紐約走新聞。彼冬，是我頭一改無佇臺灣過年。

做《蘋果日報》特派記者走新聞。

雖然佇咧國外，行踮紐約皇后區法拉盛（Flushing）街仔路頂，過年過節的氣氛是真興。寫春聯的寫春聯，辦年貨的辦年貨，大中國華人的彼套，一點仔都無欠。但成做一个臺灣人，總是愛走揣一寡臺灣味。差不多相仝的口味，有是有，但我這个南投出身的囡仔，猶是感覺欠一味。著！就是包仔粿。

逐改過年過節，想厝的滋味特別深，尤其是咧美國彼冬。

踏話頭

　　我開始回想往過過年二九暝的情境，大部份人的厝內，有各種大菜，閣有濟款粿路（kué-lōo，糕粿類），佇咧祖先、神明桌頂。猶咧拜的時，我就那相桌頂的包仔粿，期待拜煞就隨通食著。

　　有一句俗語按呢講：「甜粿過年，發粿發錢，包仔粿包金，菜頭粿食點心。」做囡仔的時興甜路，若問我心目中過年喙食物的排名，渮粉糊過的甜粿是頭名，炊過的包仔粿第二，煎甲赤赤赤的菜頭粿排第三，發粿通常就愛閣煎過，麵粉類的焦芳較走會出來，不而過我較無愛。

　　毋干焦是佇咧國外彼冬，見若欲倚年節，包仔粿就會佇我的腦海中跳出來。嘛因為年紀的增長，數念細漢時代彼款滋味，這陣過年過節才有人咧做，愈來愈罕得看見。

　　南投產弓蕉，一年四季攏嘛通食著。啊若弓蕉葉仔曝予焦以後，就有伊的用途，通做包仔粿的外衫。包仔粿外口面就是用幾若張弓蕉葉仔包起來的。啊若秫米就愛先挨做米漿，才閣用大石頭共砟砟咧，去除水份，粿栖（tshè）摻寡艾草汁，閣按比例和糖、油做伙攪擱咧，就通提來做包仔粿的粿皮。

包仔粿是阿旻上蓋數念的滋味。

包仔粿餡內底有菜脯米、蝦卑（hê-pi，華語：毛蝦乾）、香菇、胡椒、鹽、豆油等等的材料做伙炒。才閣用粿皮包好勢，用弓蕉葉仔包做長株形，籠床大火炊過，囥予涼就通食囉。

這陣真正是年節時仔才有人做來送人，或者是專門賣粿路的才有咧賣。有一回二九暝下早仔才轉來過年，厝內無買著這項，我走遍規个南投頂、下市仔，才買著兩粒包仔粿。雖罔氣味有較差，不而過猶是愛這款口味，才有成過年。

南投囡仔的好食物

出門在外食頭路，透過食食懷念故鄉。有當時仔兩、三個月無轉去南投，甚至佇國外做工課，出去就是三個月、半冬，食食有一種力量，叫你趕緊轉去故鄉。

踏話頭

　　若準轉去南投，無加咧兩、三斤轉來，有影真罕得。我心內那想：「減肥的代誌，明仔載才閣減就好。」跤步那行，就按呢開始我自透早起床就一路食甲暗的行程！

⏱ 06:30 ｜省政府中興新村　烏狗兄豆奶

　　一透早，我會先去中興新村第三市仔，食鹹豆奶摻油條閣配卵餅。蔥油淋起去，配豆奶的臭焦芳，這是我細漢和阿公做伙去市仔的固定路線，和懷念的記持。

　　中興新村往過是省政府辦公廳，住戶差不多是省府的公務員。隨國民政府來到臺灣，嘛共食食習慣攏紮來。佇遮，你通食著來自中國北方的麵粉類小食物，親像陽春麵、抄手、燒餅饅頭、小米糜等等。

　　陽春麵，就是湯湯水水，閣下幾枝仔豆菜、韭菜，遮爾仔簡單的滋味。不而過我攏叫焦的，因為我愛食焦麵（ta-mī，乾麵）。

09:50 ｜你的「意麵」母是我的南投意麵

　　親像有幾若个胃仝款，七點外豆奶才食煞，猶未

數念南投的故鄉味

十點,我就已經到南投意麵擔仔報到。

「南投意麵」到底是啥物麵?為啥物好食?其實和臺語發音真有關係。著!就是「幼(iù)」,往過講這是福州人傳過來的麵類食食,佇半世紀進前和南投意外結合,經過幾若改的演變。尤其做麵師攏會共麵條仔筋性節(tsat,節制)甲好勢仔好勢。

南投意麵按怎煮,麵才會飫(khiū,彈性)閣滑溜(kut-liu,滑順),通予咱一喙接一喙?關鍵就是煮麵愛節時間,摵摵咧予焦,閣愛過鹽水,母湯(高湯)、肉燥,閣愛下大摵的蔥仔珠。阮南投人就是興這味,逐間意麵擔仔不管時都鬧熱滾滾,嘛攏有家己的特色。

講著意麵,有人會僥疑,問「南投意麵」和「臺南鱔魚意麵」、「鍋燒意麵」敢有啥物無仝款?其中一種是用水、卵、麵粉濫摻做伙,麵栖(mī-tshè,麵糰)切做麵條仔,閣共這款半卵麵體盤做圓盤仔形落去油鼎糊過,鱔魚意麵和鍋燒意麵攏是這號款。另外一種意麵,是經過天然日曝的麵,這就是真出名的「關廟意麵」。

雖罔我的意麵有可能毋是你的意麵,不而過,來試看南投意麵,保證你會牢咧。

10:30 | 食 Nu Bra 做啖糝？

繼續食，食無停，另外一項食食是「Nu Bra」做啖糝（tām-sám，零食）。

南投上好食的 Nu Bra 綠豆粉粿。

「Nu Bra」是欲按怎提來食？其實這是南投特色的「綠豆粉粿」啦！因為伊的型親像 Nu Bra，捌來上過新聞。有人可能好玄問講，「綠豆粉粿」敢毋是綠豆湯摻黃色的粉粿？那會成（sîng，相似）Nu Bra？

這款南投啖糝，是綠豆磨做粉摻水落去炊出來的好食物。綠豆粉粿口感飩飩軟軟，甜度中中仔，閣有綠豆仔的清芳。這款物件袂囥咧，做好勢就愛隨買賣，一工以內一定愛食予完。

我逐回就是 5 包 5 包按呢買，有影饞食（sâi-tsiah，貪吃）。會記得做囡仔的時，頭一改食著綠豆粉粿，

數念南投的故鄉味

是陪阿爸、阿母佇南投市仔排路邊擔仔收擔的好滋味，一喙接一喙，有夠紲喙。為著這款好食物，兄弟仔閣會搶甲冤家相拍。

國校仔彼陣，厝內佇南投市仔開店賣衫，變做正港的市仔囡仔，想欲食就閣較利便通買。看伊自 5 塊 10 箍到 4 塊 10 箍，閣對 20 箍 5 塊，到這陣 20 箍賭 4 塊，愛食的人只好加開一寡零星錢（lân-san-tsînn，零錢）。

全臺灣行透透，攏食無這款啖糝。毋過有一改佇嘉義主持，結束欲轉去臺北進前，先去𨑨菜市仔，煞發現路邊一个阿伯揀一臺板車，擇頭一下看，看板就寫「綠豆粉粿」。我看板車頂頭囥幾若个圓籠床，阿

嘉義角型綠豆粉粿。

踏話頭

伯一手提刀仔,先共圓圓圓的綠豆粉粿,切做長長的一條一條,才閣切做一塊一塊平行的角型,動作有影熟手,毋過食起來的口味,和阮南投的有小可仔無仝。

12:30 ｜厝內好料　閣啖糝紅薯餅

早頓、啖糝猶未齊消化,阿爸、阿母驚阮枵著,大魚大肉排規桌,也有三兩項仔菜佮。中晝頓就佇阮兜店面做伙食,看著遮腥臊,我只好繼續推落去。

食飯飽,就閣開始蹈街、蹈市仔。若到寒人,南投市仔就有擔仔咧賣紅薯餅、紅薯丸,這項啖糝南投人通人愛,煎甲赤赤赤的紅薯餅,或者是糊甲酥酥酥的紅薯丸,有無仝口感,我攏愛。

油鼎內的紅薯丸、紅薯餅,食寡做啖糝,好食閣袂礙胃。

我會斟酌家己是毋是食傷飽,節看欲買一塊 25 箍的紅薯餅,或者是一包 50 箍差不多 8、9 粒的紅薯丸,因為閣有好

料猶未食。

論真講起來，紫山藥佇阮南投大出，名間鄉、竹山鎮是主要的產區。紅薯山藥先洗予清氣，閣削皮切做細細塊仔，囥落去果汁機絞做山藥泥，摻寡糖、鹽、秫米粉拌予齊勻，就會當提來煎或者是糊。這陣，嘛有人賣便的紅薯山藥泥，我便若上北，嘛會捾幾包仔轉來家己煎。

16:30 ｜南投肉圓

有當時仔腹肚漲甲，猶是想欲食寡平常時佇北部罕得食著的，就是南投肉圓。若講著肉圓，阿旻無欲引戰，有人興炊的，有人死忠糊的，我是攏愛食。

不而過，阮南投這幾間已經是老店級的，肉圓攏是「低溫油糊」。佇橋頭邊、佇南投喝菜市仔戶政事務所邊仔，閣有佇阮兜後壁市仔內，攏是排有著等的。

肉圓的做法，是先用秫米、在來米、番薯粉來做米漿，餡嘛愛用瘦肉比例較懸的溫體豬絞肉。包予好勢先提去炊，才閣落油鼎糊予飪嗲嗲。

店家會淋寡米漿做的海山醬，閣有蒜蓉（suàn-jiông，蒜泥）、豆油，上重要的是芫荽。我慣勢先食

踏話頭

低溫油糝的南投肉圓。

外口的皮,感受皮的飫度,閣來才是內底的餡。千萬愛會記得點豆腐、貢丸湯或者是綜合湯,因為湯頭佮肉圓的醬料,有影峇峇峇,保證你食煞猶會數念。

1 20:30 │塗虱湯、塗虱卵

中晝煮甲傷腥臊,猶賭寡。暗頓就繼續食,莫討債。

毋過我猶有留一寡胃欲予一項愛食的口味,佇夜市仔或者是一間南投老店才食有,彼,就是塗虱湯。

塗虱湯的做法其實誠簡單,就是用寡漢藥落去煮,親像當歸、川芎（tshuan-kiong）、黃耆、熟地、蔘鬚、桂枝佮枸杞,和水。首先,共漢藥材洗清氣;塗虱洗過閣煠過,漢藥材大火煮予滾,才閣轉文文仔火煮差不多一點鐘。起鼎的時摻寡九層塔落湯頭,塗虱肉才

閣搵蒜頭豆油。毋但湯頭溫補,塗虱肉質嘛真有層次,閣有厚厚厚的膠原卵白,轉來南投一定愛食,我甚至已經食甲會曉煮。

不而過,一轉來南投,心情輕輕鬆鬆,就想講莫遐骨力煮矣。我食的是記持的氣味。

一工貼貼,食甲貼貼,就是我轉去南投的日常。

煮食　消敨工課壓力

出社會食頭路,開始做記者,煮食成做我消敨(siau-tháu,紓解情緒、壓力)工課壓力、放輕鬆上好的方法。一方面,可能是因為我佇咧菜市仔大漢,行菜市仔會予我一種袂輸轉到厝彼款親切的感覺;另外一方面,有當時仔看人喝賣,嘛通閣抾寡鬥搭(tàu-tah,貼切)的臺語食食詞彙,不止仔爽快。

有人買菜、欲買啥,攏寫佇清單頂面。我完全毋是這款,我是那看、那想、那買,買菜、買肉、買啖糝。無一觸久仔(tsit-tak-kú-á,一下子)就愈捾愈大捾。轉到厝,準備材料、洗菜、切菜,才閣煮菜,攏是和家己對話的時間。

若準家己食,刀功、煮法就無䆀講究,清彩切、清彩煮,調味嘛袂傷重,有調過就好。若準講是請人客,就會較頂真淡薄仔。濟濟走新聞的同業好朋友,攏捌食過阿旻煮的料理。

我相信比起外口交陪應酬攤,邀請伊來厝裡食飯,誠意閣較足。飯桌頂的料理雖罔簡單,但是會當予朋友食飽閣輕鬆,確實比食外口閣較有氣味。

做記者期間,有一冬派駐過美國紐約佮洛杉磯,嘛是我煮食大發展的期間。仝款是佇國外食外口傷貴。彼陣蹛的所在是紐約皇后區的法拉盛,往過號做「小臺北」,是真濟臺灣人佇美國東岸發展拍基礎的所在。若按呢,聽起來應該愛有真濟臺灣人才著?不而過,這陣已經去予中國人盤過矣,改號做「小中國」,大量中國餐廳進入法拉盛。專做臺灣料理的餐廳數量大匀水,但猶是真受歡迎。

比起過去佇咧荷蘭做交換學生彼時,踮遮欲買較倚近臺灣的食材較利便,無啥物問題。所以家己煮除了有影較省,嘛通消敨國外做工課想厝的心情。

數念南投的故鄉味

「食丙」考丙級廚子師證照

換帖的（uānn-thiap--ê，結拜兄弟）個爸，過去是星級飯店扞鼎灶的大總舖，退休了後佇咧煮食班教人考乙級佮丙級的料理證照，我真有興趣，嘛綴咧報名上課。但問題來囉，做伙學煮食的學員，有人已經是便當店的助手，或者是佇幼稚園咧煮食扞鼎灶，啊若我這个家己煮興趣的，實在綴人袂著。

彼時攏總愛上 12 節課，逐改學 6 項料理，自食材的洗盪（sé-tn̄g，清洗）開始，對汙染程度低到懸做準備。第一是脫水食材，像香菇、蝦卑等等。第二是素食加工食品，像酸菜、沙拉筍遮的。第三是臊的加工食品，像皮蛋、鹹卵。第四是菜蔬類，蒜頭、薑等等。第五是肉類到海產類，愛照四肢跤、兩肢跤的順序來：牛羊肉、豬肉、雞鴨肉、卵類、水產、海產類，一步一步攢。其中嘛包含拍鱗（phah-lân，刮除魚鱗）、刣魚、清腹內，順序袂當毋著、重耽（tîng-tânn，有差錯）。

菜蔬洗好勢，紲來就是練刀工，切水花、做盤仔妝娗。每一項菜閣有無仝的刀工要求，有的愛絲、愛條，有的愛片，有的愛雙爿平行的角形，或是愛切出

踏話頭

刺瓜仔水花練習。

煮食考照練習的成品。

指甲片的大細。閣進階就是切造型的水花，有榕仔、蝶仔（iảh-á）、耶誕樹等等。這時就是紅菜頭和刺瓜仔用上傷的時，切好勢就不止仔嬌氣，啊若切無好勢，只好煮來窒腹肚。

大同仔炒肉絲、五柳居魚條、糊花枝絲、糊肉條、熅油飯（būn iû-pñg）、紅燒茄仔、煎卵皮、包卵餃等，經過 72 項菜的訓練，毋敢講是勢煮，但總算練過一輪，嘛經過筆試佮煮食試驗，提著臺菜料理的丙級證照──人咧講「食丙、食餅」，就是這張。欲提這張牌無撇步，若好好仔綴咧上課，照起工照步來，考照完全無困難，只是愛開時間下工夫。

紲落來，就由我南投阿旻替逐家將一項一項好食、好煮閣好款的手路菜捀出來，用臺語講予你知。

Liāu-lí Pit-kì

01 鴛鴦菜脯卵

Uan-iunn Tshài-póo-nn̄g

煎 Tsian

阿旻
煮予你看

鴛鴦菜脯卵

\ 臺菜料理教諺語 /

翁仔某無相棄嫌，菜脯根罔咬鹹。

Ang-á-bóo bô sio khì-hiâm,
tshài-póo-kin bóng kā kiâm.

老祖先的智慧

　　這句俗諺語是咧講，翁仔某之間就愛互相扶持，就算無好過，三頓干焦菜脯通好食，兩人猶是全心做伙過生活。

　　確實，若嫁娶進前、咧揀選對象的時陣，嘛有一句俗語「穩穩翁食袂空」，講女性會考慮外型，或者是好額散赤，條件攏無仝。有人想欲嫁緣投的，或者是看經濟條件。不而過，有一寡人雖然外表普通，經濟也無算好額，但是收入穩定，三頓也免操煩，女性若準欲嫁，這款對象通列入考慮。

　　資深臺語藝人「小劉」劉福助過去嘛用這句俗語改寫「歹歹翁，食袂空」來譜曲寫詞，鄧麗君嘛唱過

Uan-iunn Tshài-póo-nn̄g

這條歌。歌詞寫「嫁著總舖翁,身軀油油看著袂輕鬆。嫁著賣菜翁,三頓毋是菜,閣就是蔥」,講嫁著歹翁,莫怨嘆,好歹仝款嘛是一世人。總是彼句「無相棄嫌」,生活會得過,仝心做伙生活,「菜脯根罔咬鹹」啦。

阿旻款料理

細漢蹛南投內轆庄,後壁人家厝邊,就通看著有人佇大埕咧曝菜脯。尤其佇秋天、寒人的季節,著時的白菜頭毋但甜閣好食,早期食食資源較少,共菜頭做菜脯,就是延長食物保存的智慧做法。

這陣,咱就欲用卵、蔥仔珠、老菜脯,共這三項物件鬥做伙,做出芳氣十足、好落飯的配菜,簡單閣大範。毋管是家己食,或者是請人客,這項古早味一上桌,保證通人呵咾。這陣佇餐廳點這項菜,上無攏愛百五箍起跳,阿旻就來教你按怎料理。

鴛鴦菜脯卵

tāu-iû
豆油

iû
油

láu-tshài-póo
老菜脯

tshang-á-tsu
蔥仔珠

卵 nn̄g

材料
- 大粒雞卵：3-5 粒
- 老菜脯：100 公克
- 蔥仔珠：2 枝

調味
- 豆油：半湯匙
- 油：2 湯匙
- 米酒頭：1 大湯匙

Uan-iunn Tshài-póo-nñg

做法

1. 老菜脯浸白滾水,洗予清氣,共鹽份脫脫咧,按呢較袂死鹹,才閣共水濾掉。
2. 菜脯切做丁,蔥仔切做蔥仔珠。
3. 菜脯、蔥仔珠和卵囥入去碗內,閣摻半湯匙豆油抐予齊勻。
4. 摻寡米酒(通去除卵的臭臊味)。
5. 摻 2 湯匙油,起油鼎,油火愛熱,菜脯卵煎甲外面酥芳袂臭焦,內底閣幼麵麵。

Liāu-lí Pit-kì

02
薟甲衝煙
薟椒魚

Hiam kah tshìng-ian
Hiam-tsio-hî

煮 炊
Tsú Tshue

阿旻
煮予你看

> 臺菜料理教諺語

薟椒仔若薟免大粒

Hiam-tsio-á nā hiam bián tuā-liáp.

老祖先的智慧

平平攏是薟椒仔類,華語講的「青椒」,臺語號做「大同仔」,是完全袂薟。但有寡青色、紅色細粒子的薟椒仔,細細粒仔囝就會薟甲予你擋袂牢。

「薟椒仔若薟免大粒」這句是講薟椒仔的薟度,袂因為伊的外型大細無仝,顛倒是品種決定有偌薟。用來形容咱人嘛是仝款,有人大(tuá)大欉,有人細粒仔囝。有品性、有品質,比外表閣較重要,嘛閣較有意義。

阿旻款料理

佇咧飯桌頂,阿媽四常講:「南投無產魚,有魚

Hiam kah tshìng-ian Hiam-tsio-hî

通食就愛緊食。」所以看著真勢料理的阿媽，見若買魚轉來煮，無論啥物款魚，就會隨去予阮遮的囡仔挾了了。

魚仔肉食甲真清氣，不而過「魚頭」和「魚仔目睭」攏會留落來，因為阿媽上愛食魚仔目睭、吮魚頭，伊講「食魚仔目睭，通顧目睭」。大漢以後，才知影真正通顧目睭的，毋是魚仔目睭，是目睭邊豐富的DHA的脂肪。不而過，回想彼時和阿媽飯桌頂的記持，總是使人懷念。

想欲食鱸魚，通常是往過庄裡有人嫁娶、入厝辦桌才通食著的滋味。水跤（tsuí-kha，廚房、外燴的助手）洗菜、切菜，和總舖做伙攢料理。另外彼頭大籠床煙碴碴衝，先共鱸魚炊予熟，起鼎後，蔥仔絲、薟椒仔絲囥起去，摻寡米酒、豆油，捀上桌進前，才閣用燒油淋起去魚仔肉頂面。

看人辦桌是細漢時代上愛的情境之一，愛食、愛煮，嘛可能是自彼時就開始培養。這回阿旻改良版的「薟甲衝煙薟椒魚」料理，用米酒頭、薟椒仔、蒜頭佮檸檬汁，免淋油，仝款予你白飯推7碗。

薟甲衝煙薟椒魚

bí-tsiú
米酒

hiam-tsio-á
薟椒仔

suàn-thâu
蒜頭

lê-bóng
檸檬

tshang-á-tsu
蔥仔珠

材料
- 鱸魚：1 尾
- 蔥仔：10 枝
- 薟椒仔：10 條
- 蒜頭：2 大蕊

調味
- 米酒：1200ml（2 罐額）
- 檸檬汁：100c.c.

Hiam kah tshìng-ian Hiam-tsio-hî

做法

1. 蔥仔切做蔥仔珠。
2. 用調理機共薟椒仔、蒜頭做伙絞絞咧。
3. 鱸魚先用燒滾水淋過，去除血水。
4. 摻 2 罐米酒頭淹過魚仔，炊予熟，閣摻寡檸檬汁。
5. 囥蔥仔珠、蒜頭薟椒仔醬，就通享用。（欲用燒油淋無，在各人，阿旻無愛食傷油）

Liāu-lí Pit-kì

03 牽絲番薯角

Khan-si
Han-tsî-kak

熬 Gô　糋 Tsìnn

阿旻
煮予你看

牽絲番薯角

> 臺菜料理教諺語
>
> 番薯好食免大條
> Han-tsî hó-tsiȧh bián tuā-tiâu.

老祖先的智慧

番薯好食無,和伊本身大細條無啥關係。有一寡人外表看起來漢草好、一表人才,煞無代表伊有彼號內才(lāi-tsâi,內在修為、學識、才華)。雖罔看起來大範,但實際上「無內才閣愛嫌人家私穤」。

有人講臺灣就若像番薯的型仝款,咱的土地比起全球其他所在有影較細,不而過,咱徛起的所在和踮遮生湠的番薯仔囝,靭命拍拚的精神,細粒子,但是鐵骨仔生(thih-kut-á-senn,結實強健具韌性),猶是佇世界發揮重要的影響力。

17 世紀荷蘭入臺,番薯自彼時引入來。古早時糧食較欠缺,這款作物就成做濟濟無飯通食的散赤人度三頓的食食,但久來嘛食甲會驚。

Khan-si Han-tsî-kak

　　隨時代社會經濟的變化，這陣不時大魚大肉排規桌，逐家食甲傷過油臊，番薯變做人相爭愛食的食物，因為營養懸，健身、練身體，或者是特殊健康需求的人攏愛這味，嘛予番薯變甲真食市。

阿旻款料理

　　「番薯毋驚落塗爛，只求枝葉代代湠。」毋但講臺灣人韌命的精神，嘛通講臺灣番薯育種的技術，無仝品種的枝葉有影湠甲。

　　早前日本時代佇嘉義農業試驗分所開始番薯育種，到今計共超過千外種。上普遍的「國民番薯」應該就是「臺農 57 號」黃肉番薯，各種料理方式攏配搭。另外，產量第二大的就是「臺農 66 號」紅肉番薯。熱人就愛揀春作 66 號，若寒人就買秋作 57 號。阮南投竹山的「紅心番薯」用來做番薯餅，或者是竹山觀光景點攏有咧賣的「蜜番薯」，攏衝甲掠袂牢。

　　揀選番薯的重點，親像臺灣的型、頭尾愛「雙頭尖」，包準是上好食的。這回，阿旻就來重現夜市仔口味的「拔絲地瓜」，共番薯切做一角一角，家己做較健康嘛袂有負擔，臺灣台語咱共叫做「牽絲番薯角」。

牽絲番薯角

han-tsî
番薯

材料

- 番薯（無全品種攏通試看覓）
- 油：600ml
- 冰角、冰水

調味

- 白糖：200 公克

做法

1. 番薯削皮,共切做一角一角。
2. 冷油就通共番薯角落油鼎去糋(tsìnn)。
3. 箸通穿過番薯角,就會當起鼎。
4. 白砂糖 200 公克落鼎才開火,文文仔火開始熬(gô)糖膏。
5. 鼎內猶袂淳(phū)泡的時,會當用箸、湯匙仔抐。若準已經淳泡,就愛共鼎用搖曳的方式徛振動。
6. 糖水開始變色、變糖膏,就愛隨禁火,因為溫度會繼續夯。隨共糋好的番薯角和糖膏做伙搜(tshiau)搜咧。
7. 盤仔抹油,共搜好勢的番薯角倒入去,一塊一塊開始揀,牽絲了後落冰水。

Liāu-lí Pit-kì

04 枵鬼豬肝湯

iau-kuí
Ti-kuann-thng

煮
Tsú

阿旻
煮予你看

\ 臺菜料理教諺語 /

枵狗數想豬肝骨
Iau-káu siàu-siūnn ti-kuann-kut.

老祖先的智慧

若欲形容人空思夢想（khong-su-bōng-sióng），就通用「枵狗數想豬肝骨」這句。逐家攏知影豬肝是一寡薄薄的纖維組織，根本無骨頭，所以講枵狗欲食豬肝的骨頭是完全無可能的代誌。客家欲倚的講法是「戇狗想食豬肝骨」（ngongˇ gieuˊ siongˊ shid ` zhu ` gon ` gud，海陸腔），也就是華語咧講的「癩蝦蟆想吃天鵝肉」，苦勸（khóo-khǹg）咱人猶是跤踏實地較實在。

另外一句和狗有關係，和食食較無關係的俗諺語是「痟狗春墓壙」（siáu-káu tsing bōng-khòng），形容人做代誌真衝碰（tshóng-pōng，衝動），無周至的計畫就亂使開始，嘛通來講人無顧一切愛爭名取利。

Iau-kuí Ti-kuann-thng

阿旻款料理

　　臺灣人愛食腹內（pak-lāi，動物的內臟），豬肝更加是排頭幾名、頭幾等的。雖罔袂少人感覺腹內臭臊、無佮意，但親像豬肝湯、麻油豬肝遮的，興這款口味的人是愛食、數念、懷念甲。閣有米其林一星臺菜餐廳推出「XO 醬豬肝」，雙面煎甲赤赤，外酥脆，內底閣袂柴、袂老，考驗廚子師按怎節料理時間；閣摻干貝醬，予豬肝料理有海味升級的新食法。

　　豬肝料理通補充人體鐵和維生素 A 等等的營養素，親像生囝後、做月內的頭禮拜，攏愛靠這味來補血、活血。但豬肝食扗扗仔好就好，因為若準食過量，體內的膽固醇會夯懸，身體嘛袂堪得。

ti-kuann
豬肝

椏鬼豬肝湯

bí-tsiú
米酒

胡椒
hôo-tsio

muâ-á-tsiùnn

薑 kiunn

麻仔醬

tshang-á
蔥仔

材料

- 豬肝：1 斤
- 薑：200 公克
- 薑片、薑絲
- 蔥仔

調味

- 米酒頭
- 胡椒粉
- 麻仔醬

lau-kuí Ti-kuann-thng

做法

1. 處理豬肝，共切做一片一片。厚薄差不多半公分至 0.8 公分。

2. 豬肝切好勢以後，摻胡椒粉、酒佮麻仔醬，做伙掠掠咧。

3. 燃一鼎滾水，水內面囥薑片、米酒。

4. 豬肝片囥入去滾水了後隨禁火，因為豬肝快熟，免煮傷久，10 秒鐘就通撈（hôo）起來。

5. 燃另外一鼎滾水，囥薑絲、蔥仔段，摻一寡米酒、胡椒粉。等水滾下豬肝，豬肝湯就好勢囉。

祕密武器

麻仔醬除了通去除豬肝的臭臊味，嘛通共豬肝纖維頂面的垃圾物洗清氣。

Liāu-lí Pit-kì

05 覆菜肉片湯

Phak-tshài
Bah-phìnn-thng

焄
Kûn

阿旻
煮予你看

覆菜肉片湯

\ 臺菜料理教諺語 /

六月芥菜假有心

Lȧk-gue̍h kuà-tshài ké ū-sim.

老祖先的智慧

芥菜大部份種作的時間,是種稻仔做田人收成以後,閣再利用土地開始掖芥菜種。產季差不多就佇逐冬 11 月到隔轉年的 4 月,也就是舊曆 10 月到隔轉年 2 月期間。

俗語講的 6 月,根本就毋是芥菜的產季,當然就袂有芥菜心,咧講有心全全是假的,用來形容「虛情假意」的人厚言語(kāu giân-gí,多話或善搬弄是非者),連鞭就會予人看破跤手。或者是提來剾洗「假君子」,表面上是「忠孝仁義」,其實是「假仙假觸」(ké-sian-ké-tak,假惺惺、佯裝)無好意。

Phak-tshài Bah-phìnn-thng

阿旻款料理

過年圍爐桌鼎通常攏有長年菜，主角就是芥菜伊本人，因為產季的關係，毋是一年四季攏有生產。

所以芥菜的加工就變真重要，親像咱咧食牛肉麵愛「鹹菜」來配，廣東菜「梅干扣肉」，就是芥菜的另外一種形式「覆菜」，和三層肉的結合。

「鹹菜」佮「覆菜」的差別，是咧漚（au，把東西長時間浸泡於水中）的過程佮時間無仝。新鮮芥菜採收後，日頭曝1、2工，予芥菜的組織變軟，才閣用粗鹽挪（nuá）挪咧，囥入去醃缸，一沿鹽、一沿芥菜疊疊起來。上頂面才閣用石頭砛，漚7工後，就是好食的鹹菜囉。

鹹菜若食袂完，真緊就會反烏、生菇（senn-koo，發霉），往過無冷藏設備和真空技術的時代，客家人就共鹹菜擘（lì，撕）予一條一條閣抹寡鹽，吊佇竹篙頂曝曝咧，猶有寡水份的時，就用箸裝入去甕仔內，經過3至6個月，才通變做好食的覆菜。

鹹菜咧曝做覆菜的時，大部份攏是揀選菜梗的部位。較幼的菜葉就繼續曝焦，曝甲完全無水份就是鹹菜乾。

覆菜肉片湯

薑 kiunn

米酒 bí-tsiú

三層肉 sam-tsân-bah

胡椒 hôo-tsio

覆菜 phak-tshài

材料
- 覆菜：150 公克
- 三層肉：200 公克
- 薑
- 米酒

調味
- 鹽
- 白胡椒粉
- 白醋
- 香油

Phak-tshài Bah-phìnn-thng

做法

1. 覆菜洗予清氣，切絲。

2. 薑切絲。

3. 三層肉囥入去有薑的滾水內，小可仔煠一下，才閣下米酒去除臭臊味。10 分鐘後，共三層撈出來，等溫度較降，共三層切做肉片。

4. 另外起一鼎滾水，共三層和覆菜做伙摻落去，才閣下寡薑絲，轉文文仔火熰半點鐘。

5. 上尾用鹽、白胡椒粉、白醋、香油摻落去調味，好啉閣好食的覆菜肉片湯就完成囉。

Liāu-lí Pit-kì

06 歪喙雞親子丼

Uai-tshuì-ke
Tshìn-tsú-tòng

煮
Tsú

阿旻
煮予你看

歪喙雞親子丼

> \ 臺菜料理教諺語 /
>
> 歪喙雞想欲食好米
> Uai-tshuì-ke siūnn-beh tsiȧh hó-bí.

老祖先的智慧

雞仔頂、下喙尖尖尖，啄飼料就愛揀選無破碎的來食，雙喙閣愛峇峇峇，才通正常開合。若準喙歪、破相（phuà-siùnn，身體有殘缺），致使無法度正常食食，真緊就會因為營養不良死死去、活袂久。歪喙雞就通用來形容一寡無健全、無健康的人事物，毋知家己幾斤重，無節看家己的身份和能力，煞想欲食無破碎、無欠點、好的米粒仔。奉勸人千萬毋通有過度慾望，嘛莫跍跔揀東揀西。

不而過，歪喙雞這陣嘛通用來講家己對食食較揀食，較注重一寡口味，或者是干焦愛食一寡真限定的物件。

Uai-tshuì-ke Tshin-tsú-tòng

阿旻款料理

臺灣人愛食日本料理,「親子丼」就是一項。會有這款號名,是因為雞的本體被看做是雙親,雞卵是囝兒,共兩項鬥起來就變做是雙親和囝兒的關係。

日本過去因為歷史緣故,無食雞肉和雞卵,一直到江戶時代,才開始沓沓仔發展食雞肉、雞卵的市草。

若講著親子丼的起源是佇一間店?東京人形町賣鬥雞仔鍋的店家可能算是老祖先。個共雞肉煮予熟,才閣淋卵汁,囥佇咧清飯(tshing-pn̄g,無調味的白米飯)面頂,意外受著歡迎。

臺灣人接觸親子丼的歷史超過百年,自日本時代就通開始算,文化運動前輩黃旺成就捌佇伊的日誌內底,紀錄幾若擺食親子丼的經驗。一直到今,親子丼攏是臺灣囡仔人愛食的料理。

阿旻愛煮親子丼,就是因為做法簡單閣好料理,用大同電鍋來煮臺東池上米,米心煮予透的關鍵,就是愛小可仔翕(hip,悶)一下。雞肉的揀選無論是雞腿肉、雞襟胸(ke-khim-hing,雞胸肉),攏通食飽有口感,熱量嘛袂傷懸。

歪喙雞親子丼

蔥頭 tshang-thâu

卵 nn̄g

柴魚 tshâ-hî

七味粉 tshit-bī-hún

味醂 bī-lín

材料
- 柴魚
- 雞腿排：1 塊
- 蔥頭：1 粒
- 卵：2 粒
- 蔥仔珠：小可仔
- 清飯

調味
- 味醂
- 七味粉
- 豆油

066

Uai-tshuì-ke Tshin-tsú-tòng

做法

1. 雞腿排下入去鼎內,煎予赤赤以後先起鼎。
2. 用雞腿排的油,落去炒蔥頭絲。
3. 柴魚先浸燒水,才閣用柴魚水、豆油、味醂,共蔥頭絲的甜味煮予出來。
4. 落雞腿排煮滾一下。
5. 卵汁淋起去隨禁火,予卵有半生熟的感覺。
5. 趁燒鋪起去清飯面頂,摻七味粉掠寡蔥仔珠就完成。

Liāu-lí Pit-kì

07 烏金滷肉飯

Oo-kim Lóo-bah-pn̄g

滷
Lóo

阿旻
煮予你看

烏金滷肉飯

\ 臺菜料理教諺語 /

烏矸仔貯豆油

Oo-kan-á té tāu-iû.

老祖先的智慧

「烏矸仔貯豆油」這句孽譎仔話若順話尾,通常攏會接「無地看(bô-tè khuànn)」。有影,烏色的豆油若裝佇咧烏色玻璃罐仔內,是真僫分辨,所以嘛掠伊「看袂出來」的雙關意思,呼籲咱千萬毋通看人無。有人外表看起來雖罔普普仔,不而過對代誌的處理,可能閣有二步七仔(--jī-pōo-tshit-á,有點能耐)。

另外一句俗諺語「恬恬食三碗公半」,嘛咧講有人平常時恬恬無出聲,無去予人注意著,煞會做出予人料想袂到的代誌。

順這个理路想看覓,「恩主公食燒酒」,這句激骨話(kik-kut-uē,歇後語)是啥物意思咧?

Oo-kim Lóo-bah-pn̄g

　　有人因為身體較無法度代謝酒精，所以食燒酒面就會反紅。若準食酒的是恩主公，也就是關公，伊本底面就紅記記（âng-kì-kì），根本看袂出來是因為食酒面紅，或者是本身的色水。這句仝款會當用來講一个人有本事「看袂出來」。

阿旻款料理

　　講著這个食食的號名，就通戰全臺東西南北，各地頭攏有家己意愛的口味，暫時莫相戰，聽阿旻說分明。

　　阿旻讀國小、國中的時，逐頓早起若欲食粗飽，就會去買滷肉飯來食，印象中的滷肉飯，是貯佇黃色 pó-lê-lóng（保麗龍）盒仔內，閣佮一塊 tha-khú-áng（黃菜頭，源自日語たくあん，日文漢字是「沢庵」）。

　　豬肉絞予幼幼，煮過以後，通攪飯的，對阿旻來講是「肉燥飯」，攪麵嘛會使。若正港看會著滷肉角的，才是「滷肉飯」。阿旻的祕密配方是 mí-sooh（味噌）和豆乳，並且愛共豬肉切予一角一角，食起來有口感袂飫，不管你是好喙斗抑是歹喙斗，攏通「恬恬食三碗公半」。

烏金滷肉飯

sam-tsán-bah 三層肉

ti-phuê 豬皮

tinn-tsiú tāu-lú 甜酒豆乳

mí-sooh 味噌

tāu-iû 豆油

材料

- 三層肉：2 斤
- 豬皮：半斤
- 紅蔥頭：半斤

調味

- 米酒：200ml（三份一罐）
- 白胡椒粉：小可仔
- 肉桂粉
- 甜酒豆乳：2 塊
- mí-sooh（味噌）：75 公克
- 豆油：100ml
- 豆油膏：100ml
- 鹽：小可仔

Oo-kim Lóo-bah-pn̄g

做法

1. 三層肉切條、切肉角。
2. 用米酒頭共豬肉頂面的垃圾物洗清氣，用酒浸 15 分鐘，去除臭臊味。
3. 共肉角先下落鼎，共豬油焊（piak）出來。
4. 共切好的紅蔥頭落鼎，芳味炒予出來。
5. 摻寡豆油膏、豆油，予肉角有烏金仔烏金的豆油色水。
6. 閣摻豆乳和 mí-sooh。
7. 糝寡白胡椒粉、肉桂粉，閣摻寡豬皮落去煮，膠質滿滿，閣通顧皮膚。

祕密武器

豆乳和 mí-sooh 這兩項是用來提懸甘甜度，若準食傷濟，嘛袂予你感覺會飫啐（uì-tshuì，吃厭了、吃怕了）。

Liāu-lí Pit-kì

08

趁家伙
柿 粿

Thàn ke-huè
Khī-kué

烘
Hang

阿旻
煮予你看

> \ 臺菜料理教諺語 /
>
> 紅柿好食,對佗落起蒂。
> Âng-khī hó-tsiah, tuì tó loh khí tì.

老祖先的智慧

　　有關紅柿的俗諺語滿滿是,親像「紅柿出頭,羅漢骹仔目屎流。紅柿上市,羅漢骹仔目屎滴。」看著紅柿就知影是秋天的季節,獨身仔(tok-sin-á,單身)、十一哥(tsap-it-ko,單身)、羅漢骹仔(lô-hàn-kha-á,無家流浪漢)看著這款果子開始大出,想著又閣一年過去,就會目屎流、目屎滴。毋過阿旻想欲借用華語的「好事成雙」,和柿仔的「好柿成雙」做對應,向望所有的人攏會當好代誌雙雙又對對。

　　另外,「紅柿好食,對佗落起蒂」嘛教咱講,做人佇社會徛起,全全是真濟人的幫忙、牽教,佮一路上的協助、提拔。若準一寡表現有成功,嘛應該翻頭

Thàn ke-huē Khī-kué

想看覓，是啥人過去共咱鬥相共，才有這款成績。就愛知影「啉泉水思源頭，食果子拜樹頭」。

阿旻款料理

往過做囡仔的時，阿旻有影感（tsheh，討厭）食柿仔，無佮意伊食起來的口感，和淡薄仔澀澀、咬喙的滋味。

一直到有一改，人送的柿仔禮盒強欲囥到歹去，姑不而將洗洗咧提來食。哇，印象中澀澀的滋味，完全消失去，柿仔厚水份閣甜物物（tinn-but-but，非常甜）。柿仔千萬就愛囥予熟，袂當挽落來、買轉來就想欲食。

柿仔豐富的水溶性纖維，通助腸、胃代謝消化。若準愛食溫盤沙拉的人，柿仔、青菜花、大同仔、蔥頭切切咧，淋寡橄欖油、醋、囥寡堅果類，囥入去烘箱用 180 度烘 30 分鐘，保證清爽閣好食。這回阿旻用烘箱做日本式柿仔粿，烘過了後，清甜的滋味，一改就予你牢咧，緊來試看覓。

趁家伙柿粿

柿仔 khī-á

奶油 bá-tah

材料

- 柿仔：3 粒
- 有鹽 bá-tah（奶油）

Thàn ke-hué Khī-kué

做法

1. 柿仔洗予清氣,共柿仔的頂蓋切掉,閣對柿仔肉內底劃兩刀。

2. 柿仔囥入去 200-220 度烘箱,烘 30 分鐘。

3. 燒燒燒的柿仔自烘箱提出來,共有鹽份的 bá-tah 擛入去果子肉內。

Liāu-lí Pit-kì

09 蔥煏肉絲

Tshang piak Bah-si

炒
Tshá

阿旻
煮予你看

蔥熿肉絲

> **臺菜料理教諺語**
>
> 偷挽蔥,嫁好翁。
> Thau bán tshang, kè hó ang.

老祖先的智慧

舊曆正月 15 是元宵暝,佇咧這工,除了食圓仔、臆謎猜這寡風俗,上重要的就是一家團圓。

啊若講著元宵暝和菜蔬、嫁娶,有啥物關係咧?應該就是元宵節團圓的意象。往過的時代,相信猶未出嫁的查某囡仔佇咧這工去偷挽蔥,是因為菜園仔內,嘛有獨身的查埔踮遐跳菜股,猶未嫁娶的男女,就通趁這个時陣互相熟似,討一个結婚的好吉兆。

國中時代「認捌鄉土」課程,學著「偷挽蔥,嫁好翁」這句俗諺語,叫是古早時代那會遮無性別平等的觀念,叫查某囡仔就愛去菜園、用「偷挽」的方式,正正是欲「共家己嫁出去」。彼時無學著後壁猶閣有

Tshang piak Bah-si

幾若句：「偷挽菜，嫁好婿。跳菜股，娶好某。」原來是獨身的查埔、查某，元宵暝都合（too-ha̍p，來自日語，表示時間、地點等條件的配合狀況）拄拄仔好的時陣，通初初熟似雙方，算是一个緣份的開始。

阿旻款料理

「買菜送蔥、買菜佮蔥」，這款交關買賣，已經成做過去。因為有時蔥仔的價數，恐驚比菜閣較貴。所以家己種，嘛是一種方法。

買轉來的蔥仔，切掉的蔥仔白千萬毋通擲掉，提來插水或者是插佇塗裡就會活。煮食的時，便若欠蔥仔，家己種的，這陣就通派上場。

蔥仔白蒜氣較足，提來芡芳做調味。蔥仔綠口感較幼，通提來切絲或者是蔥仔珠，用來䭔色。論真講起來，蔥仔有營養的維生素 A、C 佮膳食纖維，無論生食、炒、煮，攏真好料理配搭。

蔥熅肉絲

胡椒
hôo-tsio

豆油
tāu-iû

蔥頭
tshang-thâu

蔥仔
tshang-á

材料

- 蔥仔：3 枝
- 蔥頭：半粒
- 肉絲：200 公克
- 菝椒仔：1 枝

調味

- 豆油：2 湯匙
- 胡椒粉（粒）：小可仔
- 米酒：2 湯匙

Tshang piak Bah-si

做法

1. 肉絲用米酒、豆油、胡椒粉、胡椒粒豉過。
2. 蔥頭切絲。
3. 蔥仔切做幾若段。
4. 起燒鼎、熱油,落蔥頭絲芡芳。
5. 共豉好勢的肉絲落鼎炒予齊勻,才閣下蔥仔段、薟椒仔豉色。

Liāu-lí Pit-kì

10 沙茶蕹菜牛肉

Sua-te
Ìng-tshài gû-bah

炒
Tshá

阿旻
煮予你看

沙茶蕹菜牛肉

> **臺菜料理教諺語**
>
> 食無三把蕹菜,就欲上西天。
> Tsia̍h-bô sann pé ìng-tshài,
> tō beh tsiūnn se-thian.

老祖先的智慧

　　真濟人無食臊,全心全意食菜念佛,向望過往以後,會當起去西方極樂世界。不而過,有一寡人無定性、無耐性、無任何粒積,食菜根本嘛無夠額,就隨想著日後欲有好結果。這句俗諺語正正剾洗彼款毋肯跤踏實地,就瘸想欲一步登天的人,有影拄拄仔好。

　　另外一句和食食嘛有關係的俗諺語是「未曾學行先學飛,未曾披種想挽瓜」,做萬項代誌,就愛照起工來,跤踏實地一步一步來完成。

Sua-te Ìng-tshài gû-bah

阿旻款料理

蕹菜和水蕹菜，你愛食佗一款？

阮南投縣名間鄉因為湧泉水濟，地勢嘛較低，致使雨水一下落落來，就較勢積水，變成湳仔地，自名間鄉的舊名號做湳仔（Làm-á），就通了解伊的地形。名間鄉新街閣有冷泉水，是水蕹菜生長的好所在。水蕹菜較粗枝，葉仔嘛較大葉，食著較有口感。

賣蕹菜的頭家娘，下晡三點會準時自名間騎機車來到南投市仔，愛食的人一買就是十幾把，頭家娘就會用報紙浸水桶搵水，共蕹菜包起來保持水份。

仝款粗枝的品種，我佇宜蘭礁溪嘛捌看過。遮的蕹菜是用溫泉水種出來的，口感佮脆度攏真懸。

蕹菜若照葉仔的大細片，通分做大、中、細葉型，和竹葉仔型的蕹菜。葉型短、闊，而且是長卵圓形抑是心形，屬於白骨大葉、青骨大葉蕹菜。

若咱這陣無論超市、一般市仔買著的，或者是海產擔食著的，屬於莖較細、較幼的白骨竹葉、青骨竹葉品種。大部份是佇旱地種作，採割頻率較懸的商業菜蔬。

沙茶蕹菜牛肉

豆油
tāu-iû

米酒
bí-tsiú

hiam-tsio-á
薟椒仔

sua-te
沙茶

suàn-thâu
蒜頭

ing-tshài
蕹菜

材料

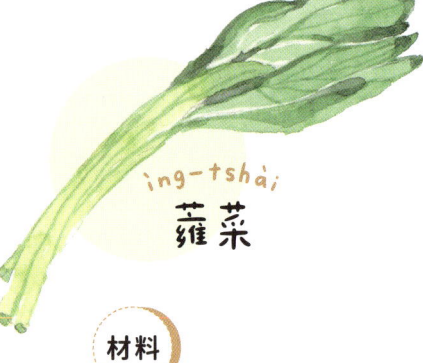

- 牛肉絲：300 公克
- 蕹菜：1 把
- 薟椒仔：1 枝
- 蒜頭：3 粒

調味

- 沙茶醬
- 豆油
- 米酒：100ml
- 鹽：小可仔
- 白胡椒粉：小可仔

Sua-te Ìng-tshài gû-bah

做法

1. 用酒、沙茶豉牛肉。
2. 熱油鼎,用大火共牛肉炒至 7、8 分熟隨起鼎。
3. 共切好的蒜片、薟椒仔片、沙茶醬炒予芳。蕹菜大火炒,糝(sám)寡鹽、白胡椒粉。
4. 牛肉絲閣囥入去拌炒,好食的料理就完成。

Liāu-lí Pit-kì

11 蒜芳豬頭皮

Suàn phang Ti-thâu-phuê

滷 Lóo　炒 Tshá

阿旻
煮予你看

蒜芳豬頭皮

\ 臺菜料理教諺語 /

豬頭皮炸無油
Ti-thâu-phuê tsuànn bô iû.

老祖先的智慧

用肥豬肉來炸油（tsuànn-iû，加熱榨油），是咱老輩共豬肉每一個部份，處理甲好勢仔好勢、袂拍損的才調。見若（kiàn-nā，每次）有豬油通攪飯，就通推咧幾若碗，不而過千萬就愛注意油份有過量無。

論真講起來，豬頭皮就干焦是一重（tîng，計算重疊、累積物的單位）豬皮，本底就無啥物肥肉，油當然炸袂出來。所以，「豬頭皮炸無油」就通用來形容人愛臭彈、膨風、歕雞胿，毋但無內才，講話又閣空空空，見講嘛講袂出啥物大道理。

「膨風水雞刣無肉」嘛是相仝的道理，親像水雞腹肚漲甲鼓鼓鼓，外表看起來是真大隻，但是真正刣

Suàn phang Ti-thâu-phuê

落去、劂落去以後,就知影根本無啥物肉。所以做人千萬毋通無內才閣愛膨風,腹肚內就愛有淡薄仔「膏」(ko,學問)。

阿旻款料理

豬頭皮通常用來做滷菜,或者是閣炒過等等的料理方式。講著滷菜,豬頭皮佮豆乾是我的真愛。若出去食外口,人是「殘殘豆乾切五角」(要求頭家切五角豆乾真緊做決定,但實際是譬相做決定真躊躇的人;殘殘:做代誌真規氣),我是「殘殘滷菜切百五」,滷菜定定愛百五箍起跳,甚至捌切過三、四百箍。

想想咧,外口賣的滷菜遮爾仔貴,不如家己來滷,尤其豬頭皮一張才一百箍,外口一份愛五十箍,量閣無濟,家己滷,聽好(thìng-hó,可以)食幾若頓。

食食一下無注意,腹肚就會像我那來那大圈(tuā-khian)。這陣食物件,阿旻開始會注意熱量,因為斟酌共看,每100公克豬頭皮,熱量佮脂肪有影是驚人(kiann--lâng),竟然欲倚500大卡,脂肪44公克,卵白質22.1公克。若有影欲一改滷起來量蓋濟,家己欲食,就愛小可仔節一下(tsat--tsit-ē)。

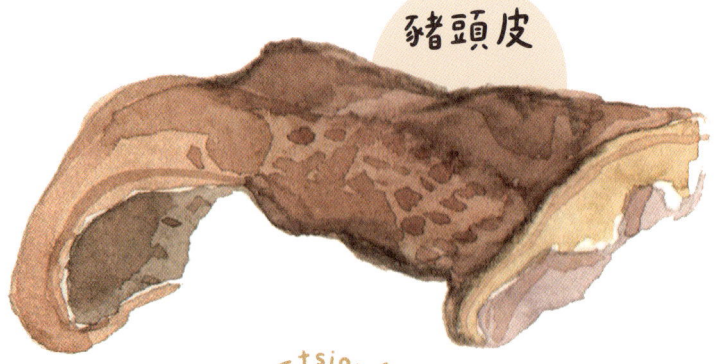

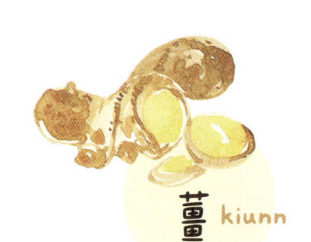

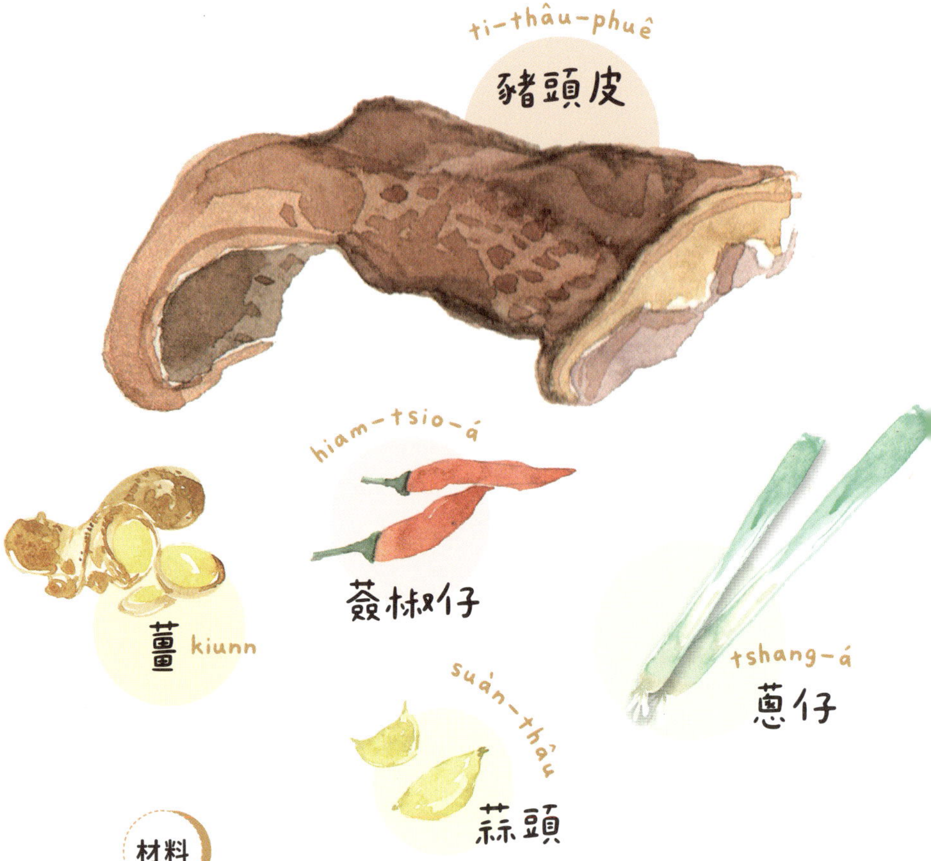

蒜芳豬頭皮

ti-thâu-phuê
豬頭皮

hiam-tsio-á
薟椒仔

kiunn
薑

suàn-thâu
蒜頭

tshang-á
蔥仔

材料

- 豬頭皮：1 張
- 蒜頭：2 粒
- 薟椒仔：1 枝
- 焦薟椒仔：5 至 6 枝
- 蔥仔：3 枝
- 薑

調味

- 米酒
- 豆油
- 滷包

Suàn phang Ti-thâu-phuê

做法

1. 豬頭皮幼毛清予清氣,落冷水鼎先過油水去除垃圾物,閣用清水洗一改。
2. 起一鼎燒水共豬頭皮囥入去滷,摻寡米酒、豆油、滷包、薑、蔥仔、薟椒仔,大火滷 2 點鐘。
3. 蒜頭芡芳後,切片的豬頭皮落鼎大火炒 30 秒,閣摻焦薟椒仔、蔥仔段敆色。

Liāu-lí Pit-kì

12 芋香炒飯

Vu hiong´ cau` fan

炒 Tshá (臺)　炒 Cau` (客)

阿旻
煮予你看

芋香炒飯

> **＼ 客家料理教諺語 ／**
>
> 芋仔味㩮飯，毋好同人講。
> Vu e` mi lau´ fan,
> m´ hau tung˘ ngin˘ gong`。

老祖先的智慧

「芋仔味㩮飯，毋好同人講。」這句客家俗語是咧講芋仔湯攪飯，是真讚的滋味，家己享用就好，莫共人講，無，會去予人食了了。

若講著芋仔的滋味，佇咧每一款文化內底，看來攏是好意象。臺語俗諺講「食米粉芋，有好頭路」，拄芋「ōo」和路「lōo」的押韻、鬥句。尤其，愛食芋仔這工竟然是中秋，所以閣有「中秋無食甲仙芋，會揣無頭路」這句孽諉仔話。

中秋是按怎愛食甲仙芋咧？甲仙屬旱地，所以生長的芋仔和水芋無仝，甲仙芋是正港的旱芋（hān-ōo），嘛號做「看天芋」，意思是愛看天公伯仔食穿，

Vu hiong´ cau` fan

　　若有雨水,芋仔才通好好仔生湠,閣佇山邊生長,愛突破地形的限制。

　　舊曆八月中秋一直到隔轉年的春天,拄好是芋仔大出的季節,所以嘛通看著甲仙芋的製品,親像芋仔冰、芋仔餅、芋粿等等,有影是窒倒街(that-tó-ke,到處都有)。後回佇中秋這工,毋但烘肉、食月餅,嘛來食「米粉芋」、「甲仙芋」看覓,看通允著「好頭路」無。

阿旻款料理

　　芋泥、芋圓攏是我愛食的喙食物,芋仔做的甜路(tinn-lōo,甜味點心),我是興甲掠袂牢。不而過,若芋仔做鹹的,我顛倒較無愛。尤其「火鍋到底通囥芋仔無」,當然袂使!這改我嘛欲參戰,雖罔無到抾恨(khioh-hūn)的程度。

　　不而過有人就愛這味,嘛愛正港的米粉芋,這款芋仔米粉湯用蒜頭先煏過,炒紅菜頭絲、肉絲,加入糊過的芋仔、香菇、蝦卑(hê-pi,蝦皮)。起鼎閣愛摻寡芹菜珠,這味有夠讚。有人是愛食炒過、糊過的芋仔角。芋仔用來炒飯,這項創意料理,來看阿旻按怎完成。

芋香炒飯

芋仔
ōo-á

胡椒
hôo-tsio

豆油
tāu-iû

蔥仔
tshang-á

紅菜頭
âng-tshài-thâu

材料

- 飯：2 碗
- 芋仔：半粒
- 紅菜頭：半粒
- 蔥仔：小可

調味

- 鹽
- 豆油
- 胡椒粉

Vu hiong´ cau` fan

做法

1. 芋仔削皮,切做芋仔丁。紅菜頭嘛切丁。
2. 起燒鼎熱油,芋仔丁小可仔炒甲焦金(有人是用糊的),才閣落紅菜頭丁。
3. 清飯落去炒,閣加入鹽、豆油。炒甲飯粒仔分明,最後囥寡蔥仔珠、胡椒粉,好食的芋仔芳炒飯,就通上桌囉。

Liāu-lí Pit-kì

13

腸腸韭韭

Congˇ congˇ giuˋ giuˋ

炒 Tshá (臺)　炒 Cauˋ (客)

阿旻
煮予你看

> **＼ 客家料理教諺語 ／**
>
> 九月九日種韭菜，兩儕交情久久長。
> Giu` ngied giu` ngid` zung` giu` coi，
> liong` sa´ gau´ qinˇ giu` giu` congˇ。

老祖先的智慧

「正月蔥、二月韭、三月莧、四月蕹、五月匏、六月瓜、七月筍、八月芋、九芥藍、十芹菜、十一蒜、十二白。」這是俗語咧講臺灣每個月上著時的菜蔬，其中「二月韭菜贏過三斤的豬肉」，就是咧講二月韭菜品質上好。

九月初九愛種韭菜，算起來就是秋天開始耕作，到通收成的日子，拄好就是二月。韭菜和交情久久長，嘛咧拄倚音，表示無論朋友、翁仔某等身份，攏通透過種韭菜，建立較久長的情誼。

Congˇ congˇ giuˋ giuˋ

阿旻款料理

　　大腸料理百百款,除了灌秫米腸,若去食海產擔,逐家攏會叫「五更腸旺」、「酥炸肥腸」這幾項菜,尤其是愛糊過這款,閣較受人歡迎。做法其實無困難,蒜仔洗予清氣,切比大腸較長一寡,差不多加 2、3 公分,窒(that,塞)入去滷好的大腸頭內,落油鼎閣糊一下,糝寡胡椒鹽,正港好食。

　　不而過,這陣咱年歲有矣,為著健康,食口味就好,莫閣食遐濟糍路(tsìnn-lōo,炸物)。阿旻就來改用韭菜炒大腸頭,毋但健康口味好,更加袂感覺傷負擔。

tuā-tn̂g-thâu

大腸頭

腸腸韭韭

蔥仔 tshang-á

薟椒仔 hiam-tsio-á

薑 kiunn

蒜頭 suàn-thâu

胡椒 hôo-tsio

韭菜 kú-tshài

材料

- 韭菜：1 把
- 大腸頭
- 薑
- 蒜頭：2 粒
- 薟椒仔：1 枝
- 蔥仔：3 枝

調味

- 米酒
- 豆油
- 滷包
- 胡椒粉

Congˇ congˇ giuˋ giuˋ

做法

1. 豬腸仔用米酒洗予清氣，落冷水鼎，先過油水，去除垃圾物，用清水閣洗一改。

2. 起一鼎燒水滷大腸頭，落米酒、豆油、滷包、薑、蔥仔、薟椒仔、蒜頭，大火滷 2 點鐘，大腸頭囥予涼，才切做一箍一箍。

3. 下韭菜，落大腸，閣下薟椒仔敨色，糝（sám，撒）寡胡椒粉大火炒 45 秒。

Liāu-lí Pit-kì

14 薑羊大賊牯

(薑羊大盜)

Giongˊ iongˇ tai ced guˋ

炒 Tshá (臺) 炒 Cauˋ (客)

阿旻 煮予你看

薑羊大賊牯（薑羊大盜）

> **＼ 客家料理教諺語 ／**
>
> 掌羊種薑，利子難當。
> Zong` iong ˇ zung` giong ˊ,
> li zii` nan ˇ dong ˊ。

老祖先的智慧

「掌羊種薑，利子難當」這句客家俗諺語，掌（zong`）就是「飼、養」的意思。若講著「掌羊」和「種薑」攏是真粗重的穡頭，愛開精神去照顧、去收成，若準共錢寄銀行生利息，有影較輕可。不而過，飼羊仔和種薑日後的收益，一定是比干焦共錢寄銀行生利息較濟。實踐佇客家文化，是教咱愛好好仔共錢提來穩定生產，會比共錢單純寄咧較好。客家族群的智慧，除了勤儉，嘛提醒咱做人愛實在，「煞猛打拚」（sad` mang ˊ da` biang，努力打拚）骨力生產來趁食。

Giong´ iong ˇ tai ced gu ˋ

阿旻款料理

羊肉的羶味（hiàn-bī，騷味）予真濟人驚甲毋敢倚過去。若敢食的，是愛伊的肉質，和牛肉欲全仔欲全，食起來嘛比豬肉的肉質閣較幼。和牛、豬肉相比並，羊肉的脂肪和膽固醇嘛相對較少。

羊肉性質溫底袂燥（sò，食物性質較熱、較烈），開胃健脾閣利肺助氣，有真濟好處，對身體較虛、冷底體質的人，做食補袂穤。薑嘛通共身體寒氣佮溼澹逼出來，毋但燒烙（sio-lō，溫暖）肺部嘛顧胃。

薑羊大賊牭（薑羊大盜）

烏麻油
oo-muâ-iû

豆油
tāu-iû

bí-tsiú

米酒

薑 kiunn

iâm
鹽

材料

- 羊肉片：300 公克
- 菝椒仔
- 薑絲：50 公克

調味

- 米酒：3 湯匙
- 鹽：小可仔
- 烏麻油：3 湯匙
- 豆油：1 湯匙

Giong´ iong˅ tai ced gu`

做法

1. 用豆油、米酒豉羊肉備用。
2. 起燒鼎加入烏麻油,先炒肉片,才閣共薑絲下落去炒。
3. 摻寡鹽、米酒調味,菝椒仔攲色。

Liāu-lí Pit-kì

15 黃梨香菇雞

Vongˇ liˇ hiongˊ guˊ gieˊ

燖 Tīm (臺)　燉 Dun (客)

阿旻
煮予你看

> 黃梨香菇雞

> **＼客家料理教諺語／**
> 黃梨頭，西瓜尾。
> Vongˇ liˇ teuˇ, xiˊ guaˊ miˊ。

老祖先的智慧

　　客家俗諺語「黃梨頭，西瓜尾」，臺灣台語嘛有仝款的講法，只是讀、寫起來小可仔無仝，臺文是寫「王梨頭，西瓜尾」（Ông-lâi thâu, si-kue bué.），因為土王梨是倚蒂頭的所在上蓋甜，西瓜顛倒是離蒂頭上遠的彼爿較甜。

　　真濟人叫是王梨頭是有尖刺葉仔的所在，其實正正顛倒反，接近根部的才是「王梨頭」，水份和營養攏較濟。是講大自然嘛奇妙，親像王梨、甘蔗這款果子有「生長點」，養份會自生長點一直向頂頭送，所以果子頭部甜度攏比尾仔較懸。俗語講「甘蔗無雙頭甜」，代表世間事無法度雙面好，有利，凡勢嘛會有敗害，無可能所有好處攏占好好。

Vongˇ liˇ hiongˊ guˊ gieˊ

啊若西瓜、芳瓜、me-lóng 這類無生長點的果子，養份顛倒會沉佇尾仔，所以尾仔比果子頭較甜。這寡俗諦語，正正是教咱按怎食果子，嘛著愛觀察菜蔬、果子的生長發展。欲食的時，先食較無甜的彼爿，一般來講就會愈食愈甜，「苦盡，甘就來」。

阿旻款料理

便若到收成的季節，做農的人若通歡喜豐收，攏會懷抱感恩的心，好好仔利用大出的農作物。王梨黃金仔黃金，用途真濟，除了本體通食，這陣有人共加工變做酵素，王梨酵素就親像木瓜酵素仝款，通分解卵白質、助消化。嘛有人共王梨烘予焦，變做王梨乾，是另外一種氣味。

客家族群傳統勤儉，袂討債拍損（phah-sńg，浪費），趁做穡收成後的季節，緊共菜蔬、果子豉起來，親像「黃梨豆醬」就是客家真重要的食製品。毋但通配糜、煮魚湯、燖（tīm）雞湯，嘛通和其他料理迒界（hānn-kài，跨界），口味特別好。

黃梨香菇雞

ông-lâi

王梨

hiunn-koo

香菇

bí-tsiú

米酒

材料

- 全雞：1 隻
- 鹹王梨醬仔：1 罐
- 香菇：6 蕊
- 米酒：1200ml（2 罐額）

Vongˇ liˇ hiongˊ guˊ gieˊ

做法

1. 用燒滾水共雞仔血水、垃圾物洗予清氣。

2. 香菇浸燒水,浸予軟。

3. 共雞仔囥入去湯鍋,倒米酒淹過雞仔。

4. 小可仔滾過以後,下客家王梨罐、香菇,轉細葩文文仔火,崁蓋(khàm kuà,蓋蓋子)㷫 2 點鐘久,關火翕 10 分鐘。

Liāu-lí Pit-kì

16 焦香蒜仁酥

Zeuˊ hiongˊ sonˋ inˇ suˊ

糋 Tsìnn (臺)　烰 Poˇ (客)

阿旻煮予你看

焦香蒜仁酥

\ 客家料理教諺語 /

五月毋食蒜,鬼在身邊鑽。

Ng` ngied mˇ siid son,
gui` di siinˊ bienˊ zon。

老祖先的智慧

客家俗語「五月毋食蒜,鬼在身邊鑽」咧講五日節過後,各種有害的蟲豸(thâng-thuā,昆蟲)、細菌生湠甲滿滿是,各種症頭、破病沓沓仔咧夯(giâ,發作),講起來愛特別注意衛生保健。這時加食蒜頭,因為蒜頭有通殺菌的大蒜素,通壓制細菌的活性,有保健身體的功能,予人看做「天然抗生素」。

若講著蒜頭種作的時間,差不多佇咧立秋以後,所以有「七蔥、八蒜、九蕗蕎」的農業俗諺語。雲林縣是咱國產蒜頭上大篷(phâng,計算單位)的產地,10 粒蒜頭差不多有 9 粒來自雲林縣,其中閣以四湖鄉、元長鄉、東勢鄉佮莿桐鄉產量上濟。「蕗蕎」

Zeuˋ hiongˋ son inˇ suˋ

（lōo-giō）定定被認做是蒜頭,「蕗蕎醬菜」敆做一罐一罐,主角四常會予人拂毋著去,就是因為蒜頭和蕗蕎外型欲全仔欲全,但因為產量無遐濟,價數有比蒜頭較懸,所以臺語俗諺語有一句「食蒜仔吐蕗蕎」,通用來形容失去的比得著的閣較濟。

阿旻款料理

蒜頭通做配角,嘛做主角。若準蒜頭是配角,伊通用佇各種料理頂懸,無論是炒菜進前,欲芡芳（khiàn-phang）,或者是剁予幼幼糝蒜頭酥,食麵、煪青菜,拌寡蒜頭酥,滋味使人懷念。

西餐牛排邊仔的蒜頭片,是蒜頭切做片,落去糋予酥,和料理相佮（sann-kap,相偕一起）的代表,袂當欠缺（khiàm-khueh）。

這陣,伊嘛通家己做主角,蒜頭規粒落去油鼎糋,了後做啖糝。或者是淋寡橄欖油（kan-ná-iû）落去烘,蒜頭的薟度去了了,賰伊的芳氣。愛的人,啥物形式的蒜頭攏佮喙（kah-tshuì,合胃口）閣佮意。

焦香蒜仁酥

tī
箸

suàn-thâu
蒜頭

材料

- 蒜頭：一斤
- 油：200 ml

Zeu´ hiong´ son inˇ su´

做法

1. 先共逐粒蒜頭去除頭尾，咧糊的時，蒜頭酥才袂有烏點。

2. 蒜頭用調理機絞予幼幼。

3. 用白滾水去除蒜頭涎（siûnn，黏液），閣用棉仔紙拭予焦。

4. 冷油文文仔火就通落蒜頭，開始炒。糊甲水份變少、略略仔黃，就愛隨禁火（kìm hué）。

5. 先共蒜頭酥油濾予焦，紲來緊掰予散，避免蒜頭酥內部溫度繼續夯。

6. 蒜頭酥通攪飯、摻佇咧熝青菜頂面，氣味真讚。

Liāu-lí Pit-kì

紅糟白力魚

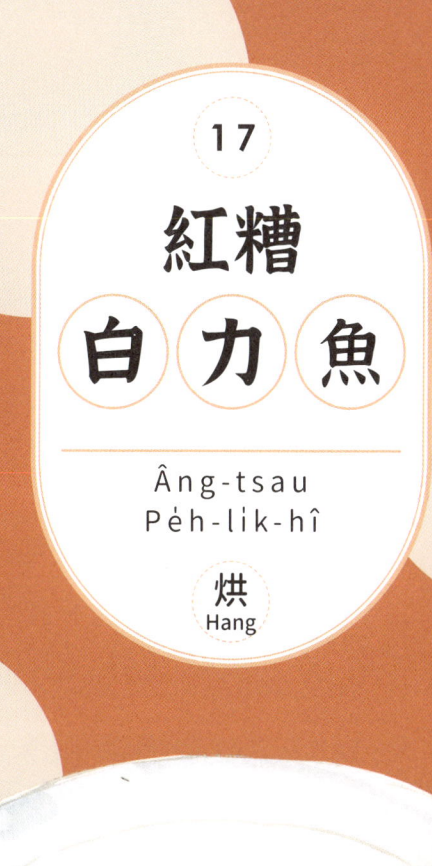

17

Âng-tsau Pe̍h-lik-hî

烘
Hang

阿旻
煮予你看

> **馬祖料理教諺語**
>
> 白力黃呱鮸，鱸刺馬鮫鯧。
>
> Pa lih uong ngua meing^,
> syˇtshieˇmaˇkha tshuong。

老祖先的智慧

「一午、二紅沙，三鯧、四馬鮫，五鮸、六嘉鱲，七赤鯮、八馬頭，九烏喉、十春子」，自臺灣的俗諺語，通看著早期咱先輩對珍貴的魚仔好食程度做排等。這陣因為養殖漁業真興，掠魚技術嘛較進步，差不多啥物魚仔一年四季攏食會著。

和臺灣的排名無仝，馬祖尤其北竿、莒光產真濟帶魚、白鯧、假黃魚、白力魚、石斑、鮸魚等經濟魚類。黃魚、鮸魚咱袂生疏，「有錢食鮸，無錢免食」，阿旻入圍金鐘的節目《臺灣話食四方》，就有紹介過。

馬祖人認為「白力、黃呱（黃魚）、鮸，鱸刺、馬鮫、鯧」是世間上好食的魚。不而過食材好食無，

Âng-tsau Pėh-lik-hî

有時仔真主觀,「鰣刺、馬鮫、鯧」是傳統好食料理的順序,到今攏袂衰退。啊若「白力、黃呱、鮸」是新世代人的體會。

因為魚仔大出,「馬祖魚麵」、「馬祖魚丸」等加工製品,就是早期冷凍技術無遐發達才發展起來的,食袂完的魚仔,就緊共換做另外一種方式,毋但口味會當替換,保存嘛通囥較久。鮸魚、馬鮫拍做魚漿,摻寡番薯粉捔捔咧,研予平了後,切做麵條仔,曝予焦進一步保存。

阿旻款料理

白力魚逐年春天開始大出,魚鱗(hî-lân)厚油質,用來煎、炊或者是煮,有無仝的氣味。馬祖有另外一句俗諺語「三月白力小鰣刺」,意思是講三月的白力魚,肉質瘦肥中中仔,和鰣魚仝款好食。不而過伊的幼刺比虱目魚閣較濟,所以食的時愛特別細膩,因為厚刺較少人愛食,但加工做「霉香魚」,雖然「臭甲袂鼻得」,但價數超過鮮沢的魚,而且佇馬祖人的心目中,共看做存在佇「基因」內的食食。

紅糟白力魚

自選魚、清腹內、加料、豉過、焦燥真空，白力魚加工做霉香魚是厚工甲，但正正是這款技術，改變白力魚的命運。口味特殊，毋但銷臺灣，佇香港、澳門市草（tshī-tsháu，市場買賣狀況）閣較好。

阿旻《臺灣話食四方》節目紹介過鮑魚做魚麵，閣有假黃魚做紅燒。若講馬祖人料理白力魚的傳統方式有兩種：

âng-tsau
紅糟

材料

- 白力魚：一尾
  白力魚較僫買，一般臺灣的市仔攤無咧賣，這回白力魚是冷凍以後，坐飛機過來臺灣的。

調味

- 紅糟醬：半罐（150 公克）
- 酒：3 湯匙

Âng-tsau Pe̍h-lik-hî

（一）煎煮：先苶薑片、蒜頭。免拍鱗，自魚陵（hî-niā，魚背鰭）落刀，清除腹內。魚身入鼎煎，反面後閣加水、豆油、白糖翕一下，起鼎進前下蔥仔段；（二）炊：馬祖話 tshui，白力魚先抹鹽，或者是豆油，10 分鐘後抹紅糟，才閣隔水炊予熟。這回阿旻是用烘的，口味嘛袂穤。

做法

1. 白力魚先用米酒洗過，雙爿魚面抹紅糟。
2. 準備烘紙共魚包起來，入烘箱 220 度、烘 45 分鐘就完成。

Liāu-lí Pit-kì

18 刺蔥煎卵

Tshì-tshang Tsian-nn̄g

煎 Tsian

阿旻
煮予你看

刺蔥煎卵

原住民語小教室

邵語 Tatanaq

排灣語 Tjanaq

布農語 Tana

阿美語 Tana'

原住民的智慧

「刺蔥」這項天王級的菜蔬，營養懸，是原住民族群真重要的芳料作物。佇伊幼枝後壁，有真濟尖尖的刺，真濟鳥類攏毋敢倚佇面頂停歇，所以有「鳥毋踏」的號名。

若鼻伊幼葉仔的芳頭，一下手就衝起去頭殼頂，食起來有蔥仔味，但是加較野薟（iá-hiam，野生刺鼻味），會當加入魚湯、雞湯內底調味，刺蔥和卵嘛是死忠兼換帖的，有夠峇（bā，契合）。

原住民和漢人對刺蔥的用法真無相仝，漢人往過無食刺蔥，是用伊的幼刺磨菜頭泥。甚至佇傳統喪葬儀式內底會看著，大孫、大囝愛攑的孝杖（hà-thīng），有「查埔用竹公，查某用刺蔥」這款講法。提四尺二長的刺蔥做孝杖，用意是欲予猶在世的囝孫，體會娘嬭（niû-lé，母親）、阿母，有身、生囝彼款的疼。

阿旻款料理

刺蔥幼葉仔和卵做伙煎、炒，氣味真讚。阿旻愛這味，是因為讀國立交通大學期間，參加原住民族服務性社團，逐禮拜機車騎咧，就起去新竹五峰、尖石部落，教小朋友英語做課業輔導，嘛是彼時開始認捌一寡原住民族捷用的野生植物。

大學逐年所舉辦的「原民週」擺擔仔，阮會去部落揀寡原民作物轉來料理，那賣那紹介原住民族的生活和文化。彼時刺蔥煎卵的銷量上好，毋但料理簡單方便，只要共刺蔥剁予幼幼幼，摻入去敲好的卵內底，摻寡鹽、豆油，下入去燒鼎煎煎咧，搶市的刺蔥煎卵就完成矣。

刺蔥煎卵

刺蔥
tshì-tshang

hiam-tsio-á
菝椒仔

卵 nn̄g

iâm
鹽

材料

- 卵：3 粒
- 刺蔥：20 葉

調味

- 豆油：1 湯匙
- 鹽：小可仔
- 胡椒粉：小可仔

Tshì-tshang Tsian-nn̄g

做法

1. 刺蔥葉仔洗清氣,去除幼刺,剁予幼幼幼。
2. 共卵敲予齊勻,摻寡胡椒粉、鹽,加入刺蔥抐抐咧。
3. 起油鼎,摻入刺蔥卵汁,煎甲雙面赤赤赤就通起鼎。

Liāu-lí Pit-kì

19 馬告炊魚

Maqaw Tshue-hî

煮 Tsú　炊 Tshue

阿旻
煮予你看

馬告炊魚

\ 原住民語小教室 /

泰雅語
Maqaw

太魯閣語
Mqrig

賽夏語
Mae'aew

原住民的智慧

原住民族族群之間，對山胡椒有無仝的講法，逐家一般上熟似的是泰雅族語的「Maqaw」，馬告煙腸、馬告鹹豬肉等，有人講伊是「山裡的烏珍珠」，太魯閣族語共山胡椒叫做「Mqrig」。

山胡椒嘛是賽夏族重要的野生資源，伊的名是「Mae'aew」，對賽夏族人來講，拍獵的人會提山胡椒果去哄、去張（tng，設機關捕捉）竹雞仔。北賽夏族人是佇咧矮靈祭送靈的時陣，共山胡椒的樹枝擲向東爿祈福。

阿旻款料理

山胡椒淡薄仔有檸檬、胡椒佮薑的清芳,是咱臺灣原住民特殊的芳料風味。和烏胡椒較無仝的所在是,馬告的味鼻起來是清芳,烏胡椒比較較薟。

鮮的馬告,猶未熟的時是青色,曝焦以後,外型就親像烏胡椒粒仔。和蔥仔、薑、蒜頭的用法全款,豉肉、煮蚵仔湯、炒菜的時,攏會使加一寡馬告。這陣嘛有人開始用焦燥過的山胡椒煮食,炊魚、滷豬肉、煮雞湯抑是燖湯,口味攏真讚。小撇步是料理進前,愛共山胡椒拍予碎,氣味才走會出來。焦燥過的山胡椒粒嘛通磨做粉來用,佮一般的烏胡椒粉全款。

馬告成份有香葉醛、橙花醛佮檸檬烯等等,有抗發炎、鎮靜的應效(但若準食了身體有各樣,就愛看醫生,千萬莫拖),嘛是原住民族的天然解藥。佇賽夏、泰雅部落內底,一寡族人會共鮮的馬告果舂舂咧,泡做啉的來解酒、治療頭疼,甚至真濟泰雅族人會提馬告加檸檬汁,當做熱人防止著痧的天然飲料。

馬告炊魚

豆油 tāu-iû

薑 kiunn

味酥 bī-lín

蔥仔 tshang-á

山胡椒 suann-hôo-tsio

米酒 bí-tsiú

材料
- 石斑：1 尾
- 馬告：1 把
- 蔥仔：1 枝
- 蕃椒仔：1 枝
- 薑：半條

調味
- 豆油：2 湯匙
- 味酥：1 湯匙
- 米酒：1 罐

Maqaw Tshue-hî

做法

1. 準備蔥仔絲、菝椒仔絲浸水,予捲做一捲一捲。

2. 薑切薑片,排佇咧魚盤仔頂面。

3. 石斑先用燒滾水淋過,去除垃圾物。

4. 魚肚內底攏一寡馬告。

5. 開 1 罐米酒頭倒入,開火炊予熟(或是用煮的)。

6. 上尾加味酾、豆油、蔥仔絲、菝椒仔絲、馬告。

Liāu-lí Pit-kì

20 花膠仿魚翅筒仔

Hue-ka hóng
Hî-tshì-tâng-á

牽羹
Khan-kenn

阿旻
煮予你看

花膠仿魚翅筒仔

> **＼ 臺菜料理教諺語 ／**
>
> # 番薯簽比魚翅
>
> Han-tsî-tshiam pí hî-tshì.

老祖先的智慧

「番薯簽比魚翅」這句話是咧剾洗人是「臭屁仙」、「假勢」、愛講大聲話。規葩完整的內容是：「番薯簽比魚翅，破尿壺比玉器，辜顯榮比顏智（Gandhi，甘地，毋合作運動者）。」日本時代臺南詩人謝星樓寫這三句，譬相（phì-siùnn，諷刺）辜顯榮引領日本軍隊入臺北城，日後功名利益全全來，日本人嘛因為伊配合，共伊號做「臺灣顏智」。

不而過，正港的臺灣人是看袂慣勢這款人，所以就用這句激骨話來共倒剾正洗。若準辜顯榮是印度毋合作運動的顏智，按呢舊臺灣社會散赤人咧食的番薯簽，就通提來和魚翅相比並囉！

Hue-ka hóng Hî-tshì-tâng-á

阿旻款料理

臺灣因為過去大量掠鯊魚，食魚翅的人口濟。最近這幾冬，政府佮民間團體提倡保育意識，食魚翅的人口是大大減少，有統計數字是減少 4 成。

魚翅真正莫閣食，因為傷過殘忍，咱改用花膠來代替。花膠是海魚的魚肚（魚的胃）、魚鰾（hî-piō）曝焦了後的食製品，一般用來燖、熬湯，增加口感。

這回料理影片結合臺灣手語，打造「手語灶跤」，紹介「花膠仿魚翅筒仔」這項手路菜，用手語做伙保護海洋動物生態。

花膠
hue-ka

花膠仿魚翅筒仔

iâm
鹽

hiunn-koo
香菇

胡椒
hôo-tsio

材料

- 花膠：300 公克
- 干貝：10 粒
- 花菇：5 蕊
- 水：2000c.c.

調味

- 鹽
- 太白粉：50 公克
- 烏醋
- 胡椒粉

Hue-ka hóng Hî-tshì-tâng-á

做法

1. 花菇、干貝浸燒水切絲。
2. 花膠加鹽浸 10 分鐘後，切做 10 至 12 塊。
3. 食材攏囥入去湯裡先滾過，摻寡鹽沓沓仔熬。
4. 滾過以後，火禁較細咧，加入太白粉水，勻勻仔牽羹，照個人口味加入鹽、胡椒、烏醋調味。

國家圖書館出版品預行編目 (CIP) 資料

就愛這味：阿旻教你煮 / 曾偉旻著. -- 初版.
-- 臺北市：前衛出版社, 2024.11
　面；　公分
台語版
ISBN 978-626-7463-63-5（平裝）

1.CST: 食譜

427.1　　　　　　　　　　　113015730

作　　　者	曾偉旻、阿旻臺語文傳播有限公司
繪　　　者	LASA
影音製作	曾偉旻
責任編輯	鄭清鴻
封面設計	江孟達工作室
美術編輯	李偉涵

出　版　者　前衛出版社
　　　　　　地址：104056 台北市中山區農安街 153 號 4 樓之 3
　　　　　　電話：02-25865708　｜傳真：02-25863758
　　　　　　郵撥帳號：05625551
　　　　　　購書・業務信箱：a4791@ms15.hinet.net
　　　　　　投稿・代理信箱：avanguardbook@gmail.com
　　　　　　官方網站：http://www.avanguard.com.tw

出版總監　林文欽
法律顧問　陽光百合律師事務所
總　經　銷　紅螞蟻圖書有限公司
　　　　　　地址：114066 台北市內湖區舊宗路二段 121 巷 19 號
　　　　　　電話：02-27953656　｜傳真：02-27954100

補　　　助　**文化部** MINISTRY OF CULTURE
　　　　　　語言友善環境及創作應用補助

出版日期　2024 年 11 月初版一刷
定　　　價　新台幣 380 元
I S B N　978-626-7463-63-5（平裝）
E-ISBN　978-626-7463-61-1（PDF）

©Avanguard Publishing House 2024 Printed in Taiwan.

＊請上「前衛出版社」臉書專頁按讚，追蹤 IG，獲得更多書籍、活動資訊
https://www.facebook.com/AVANGUARDTaiwan

Tiō ài tsit bī

Tiō ài tsit bī

Tiō ài tsit bī

Tiō ài tsit bí